AF246112

LA

SITUATION AGRICOLE

DANS L'YONNE

PENDANT LA GUERRE

PAR

par M. Gabriel LETAINTURIER

Extrait du *Bulletin de la Société des Sciences historiques et naturelles de l'Yonne*, 2me semestre 1916.

AUXERRE

IMPRIMERIE GALLOT, RUE DE PARIS, 47

—

1917

LA SITUATION AGRICOLE DANS L'YONNE
PENDANT LA GUERRE

Par M. Gabriel Letainturier.

Les efforts faits pendant la période des hostilités dans toutes les branches de la vie administrative, économique et sociale du département, mériteraient de retenir votre attention. Je les ai résumés dans un travail d'ensemble que j'ai présenté au Conseil général de l'Yonne, et dont je suis heureux de faire hommage à votre honorable Société. Mais j'ai cru plus particulièrement intéressant de vous présenter un résumé de la situation agricole du département de l'Yonne pendant la guerre, ainsi que des mesures prises en collaboration étroite avec les municipalités et les populations, afin de maintenir au maximum son activité atteinte par la mobilisation et la prolongation des hostilités.

L'agriculture est, par la valeur de ses produits, l'industrie la plus importante de nos contrées. Peu de départements, en effet, possèdent, comme celui de l'Yonne, un climat aussi favorable à toutes les cultures; on y trouve indifféremment : des céréales, de riches prairies, de la vigne, des pommiers à cidre, de la culture maraîchère et fruitière, enfin des forêts dont l'exploitation est une ressource des plus sérieuses.

La nature géologique des terrains, différente avec les régions, amène la variété des productions. Lorsqu'on parcourt le département, on trouve, au nord, une partie de la Champagne qui forme, dans le Sénonais et le Pays d'Othe, un vaste plateau à sous-sol crayeux, limité par l'Yonne, fertile en céréales, et dont quelques pentes portent des vignobles produisant des vins très renommés. A l'ouest, le Gâtinais, région plus ondulée et plus verdoyante, où les terrains conviennent plus particulièrement à la culture des céréales et prairies artificielles. Au sud, la Puisaye et l'Avallonnais; ces régions, plus fraîches, y permettent, dans les riches et grasses prairies qu'on y trouve, la pratique en grand de l'élevage fructueux d'animaux de tout premier choix. A l'est, dans le Tonnerrois, la vallée de l'Armançon; ce pays, mamelonné, est occupé par des bois et d'excellentes terres à céréales.

De cet exposé sommaire de l'agriculture de l'Yonne, on peut juger de la perturbation causée parmi la population agricole par l'ordre de mobilisation.

Le tableau suivant montre dans quelle mesure s'est maintenue l'activité agricole dans le département :

ENSEMENCEMENTS	1914	1915	1916 (1)
Blé	109.786 hect.	92.562 hect.	82.427 hect.
Avoine	89.457	77.433	71.000
Orge	11.191	9.661	7.100
Pommes de terre ...	11.500	10.328	11.200
Betteraves fourragères	25.142	22.363	20.500
Betteraves à sucre et distillerie	1.275	805	915

L'EFFORT DES AGRICULTEURS

La prolongation des hostilités, les appels de nouvelles classes d'auxiliaires, etc..., en réduisant la main-d'œuvre disponible, ont amené forcément une réduction dans les emblavures. Mais, lorsqu'on considère le chiffre important des agriculteurs mobilisés, malgré le concours efficace de la main-d'œuvre militaire et des réfugiés, on demeure étonné des résultats obtenus par l'esprit de méthode, la solidarité et le labeur inlassable des non-mobilisés, des femmes, enfants et vieillards.

Dès le 6 août 1914, conformément aux instructions de M. le Ministre de l'Agriculture, je constituais à Auxerre une Commission chargée d'assurer la production et la conservation des récoltes. Grâce aux mesures prises d'accord avec cette Commission, aux conseils donnés par affiches, par circulaires, aux

(1) Ces chiffres, résultant des évaluations approximatives fournies pendant la campagne par les municipalités, me paraissent, d'après les premiers renseignements recueillis, comme inférieurs à la réalité.

visites que j'effectuais dans les communes, la moisson et la rentrée des céréales étaient assurées au 10 septembre.

La guerre se prolongeant, de nouvelles mesures s'imposèrent; il fallait songer à la récolte prochaine. La constitution dans toutes les communes d'une Commission d'action agricole, chargée, sous la présidence du Maire, d'examiner les mesures à prendre pour assurer l'exécution des travaux agricoles, a donné d'excellents résultats. Et, à chaque période : ensemencements d'automne et de printemps, culture des plantes sarclées, betteraves à sucre, vendange, fenaison, moisson, etc., j'ai, par affiches et conseils, apposés dans toutes les communes, fait appel au patriotisme de tous, encouragé l'effort au travail, donné des instructions nécessaires aux Commissions de travaux agricoles.

Voici, Messieurs, le texte des instructions que j'ai adressées à MM. les Maires pour assurer l'exécution des travaux agricoles. Vous y trouverez le souci d'apporter une aide efficace aux difficultés du moment :

1° Une Commission municipale sera créée dans chaque commune pour assurer l'exécution des travaux agricoles. Elle sera chargée de diriger les travaux de labour, d'ensemencement, de taille de la vigne, etc.;

La nomination de cette Commission est obligatoire;

2° Un registre sera déposé à la Mairie, sur lequel les représentants des agriculteurs mobilisés, ceux dont les chevaux ont été réquisitionnés ou qui manquent de main-d'œuvre, en un mot, toutes les personnes sollicitant l'aide collective dans l'exécution de leurs travaux, demanderont leur inscription;

3° La Commission répartit entre les demandeurs les citoyens valides et les attelages, chacun devant aider ses concitoyens dans la mesure que fixera la Commission;

4° Le travail devra être fait dans les conditions les plus économiques. Le plus souvent, on se fera un devoir de s'aider mutuellement, et il n'y aura pas à s'occuper de rémunération. Dans certains cas, il suffira d'assurer la nourriture des chevaux et du personnel. Cependant, chaque fois qu'il y aura un salaire à payer, il devra être fixé d'avance par la Commission (prix de la main-d'œuvre, prix de la journée d'attelages, etc.).

La Commission utilisera toutes les ressources disponibles : permissionnaires, réfugiés;

5° Le travail collectif sera organisé toutes les fois que cela sera possible. Pour éviter les inconvénients du morcellement des propriétés, on labourera et on ensemencera en commun les parcelles contiguës, afin de permettre l'utilisation des semoirs en ligne et, ultérieurement, l'emploi des machines de récolte;

6° Pour la taille de la vigne, on constituera des équipes sous la direction d'un vigneron expérimenté. Il est facile de dresser des enfants, des jeunes gens, des réfugiés, etc. Les traitements contre les maladies cryptogamiques devront être réduits au minimum, mais effectués d'une façon suffisante pour assurer, non seulement la récolte, mais aussi la maturation du bois. Ils devront être faits en temps voulu, en commun et par climats, pour remédier au manque de main-d'œuvre;

Les professeurs d'agriculture se rendront dans les communes pour juger des dispositions prises par la Commission des travaux agricoles et donner aux agriculteurs tous les renseignements de nature à permettre d'assurer ces travaux dans les meilleures conditions possibles;

8° MM. les Maires me tiendront exactement au courant des dispositions prises dans leur commune et de l'état d'avancement des travaux des champs.

Dans de nombreuses visites que j'ai faites en la majorité des communes du département, je me suis personnellement entretenu avec les municipalités, les Commissions de travaux agricoles, les agriculteurs eux-mêmes, et j'ai pu, en les consultant, en examinant avec eux les difficultés créées par les circonstances actuelles, apporter toujours un concours ou une aide indispensable.

LA MAIN-D'ŒUVRE MILITAIRE

Malgré ces dispositions, malgré l'aide fournie par les nombreux réfugiés, si généreusement accueillis dans le département, et qui nous ont apporté un concours que je qualifierai de particulièrement précieux, malgré l'énergie des agriculteurs ou de leurs épouses, la solidarité dont ils ont fait preuve, il aurait été difficile de remédier à la pénurie de main-d'œuvre sans les facilités diverses accordées par l'autorité militaire.

Ces facilités ont d'abord consisté en l'envoi en permission de quinze jours des agriculteurs territoriaux, puis en la constitution d'équipes de travailleurs militaires, ainsi que dans l'envoi chez les agriculteurs, les parents ou les femmes de mobilisés, etc., de militaires isolés. Peu à peu, une meilleure utilisation aux travaux agricoles des militaires, dont les nécessités de la défense nationale ne rendaient pas indispensable la présence au corps, a fourni au département un supplément de main-d'œuvre. Malheureusement, les hommes disponibles dans les dépôts sont devenus de moins en moins nombreux, des mouvements militaires ont souvent coïncidé avec des périodes d'activité agricole, et rendu difficile l'exécution de certains travaux. Je me suis efforcé, cependant, dirigé par l'esprit de justice, par la conviction que j'avais de la nécessité de maintenir l'activité agricole, d'obtenir de l'autorité militaire le maximum de main-d'œuvre, et d'en assurer la répartition en tenant compte des besoins particuliers de chaque région.

En 1916, le fonctionnement de cette main-d'œuvre militaire s'est précisé. Les Ministres de la Guerre et de l'Agriculture ont fixé les règles relatives à l'emploi de la main-d'œuvre agricole et à sa répartition.

Le but à atteindre par les autorités militaires et civiles est nettement indiqué dans ces instructions : prêter à l'agriculture, sous toutes ses formes, le maximum de main-d'œuvre compatible avec l'état de guerre.

« La mise en valeur du sol, dit M. le Ministre de la Guerre, est un des besoins auxquels il faut satisfaire à tout prix, au même titre que le ravitaillement des armées en hommes et en matériel, ou la mise à la disposition des usines travaillant pour la Défense nationale. »

Afin d'assurer l'exécution de ces prescriptions, M. le Ministre de la Guerre a délégué tout pouvoir aux généraux commandant les régions, assistés, dans chaque département, d'une Commission exécutive permanente composée de trois membres: le Préfet ou son délégué, un Officier général ou son délégué, et le Directeur des Services agricoles. Cette Commission, d'accord avec le général commandant la région, a le droit, pour donner satisfaction aux besoins agricoles, d'utiliser tous les procédés :

1° Permissions individuelles; 2° équipes de travailleurs; 3° prisonniers de guerre à la disposition de l'agriculture; 4° prêts de chevaux; 5° mise à la disposition par les chefs militaires de tout ordre et de leur propre initiative, pour une journée ou une demi-journée, d'équipes volantes ou d'hommes demandés par les cultivateurs du voisinage en vue « d'un coup de main ».

Grâce à ces dispositions, à une collaboration étroite avec l'autorité militaire, j'ai pu obtenir des résultats appréciables. La moyenne des permissions agricoles accordées mensuellement, de février à juillet 1916, dans l'Yonne, varie entre 900 et 2.000; les militaires mis isolément à la disposition des agriculteurs varient mensuellement de 250 à 300; les équipes militaires, à certaines périodes, représentent environ 400 hommes.

Au total, on peut exprimer les journées de main-d'œuvre militaires fournies aux agriculteurs de l'Yonne par les chiffres suivants :

100.000 journées pour les ensemencements d'automne ;
80.000 journées pour les ensemencements de printemps;
60.000 journées pour les travaux de fenaison;
100.000 journées pour les travaux de moisson.

L'utilisation, en coup de main, des troupes stationnées dans l'Yonne, a apporté aux communes voisines des centres d'instruction un supplément de main-d'œuvre; il en a été de même pour les postes de G. V. C. Je suis intervenu, du reste, à différentes reprises, pour que les instructions de M. le Ministre soient appliquées avec le plus large esprit.

Il y aurait lieu d'ajouter à cette main-d'œuvre les permissions aux viticulteurs, les sursis aux auxiliaires agriculteurs de la réserve territoriale, les sursis à certains chefs d'exploitation, aux spécialistes (bineurs de betteraves, tonneliers, conducteurs de machines, et aux professions annexes, maréchaux, batteurs).

En vue d'augmenter la main-d'œuvre mise à la disposition des agriculteurs, j'ai, après m'être rendu compte de la possibilité de l'emploi des prisonniers de guerre aux travaux agricoles dans certaines régions de mon département, conseillé cette main-d'œuvre aux intéressés. Je me suis rendu dans les centres de grande et moyenne culture, et j'ai pu utilement, par des conférences nombreuses, convaincre nos agriculteurs, hésitants. Actuellement, 550 prisonniers sont utilisés aux travaux agricoles dans les régions de Brienon, Sens, Tonnerre, etc., produisant mensuellement environ 16.000 journées de travail; les agriculteurs qui les emploient se déclarent satisfaits. Les équipes attribuées doivent comprendre un minimum de vingt hommes, ou deux équipes de dix hommes, en deux cantonnements, sous la surveillance d'un même chef. Une décision récente permet la constitution de cantonnements de cinq prisonniers, constituant, par leur réunion dans un rayon de 5 à 6 kilomètres, une équipe d'un minimum de vingt hommes. Cette disposition facilite l'utilisation des prisonniers dans la petite culture.

Ce sont les Maires qui passent avec moi un contrat de location. Les prisonniers de guerre sont attribués par la Commission départementale de main-d'œuvre.

Quoique l'organisation de cette main-d'œuvre ne soit pas absolument parfaite, les résultats obtenus sont cependant satisfaisants: le rendement d'un prisonnier correspond aux trois quarts de celui d'un bon ouvrier. Les frais de toutes sortes (logement, nourriture des ouvriers et gardiens, primes d'habillement et centimes de poche, etc.) oscillent de 3 fr. 75 à 4 fr. par jour.

En résumé, eu égard aux difficultés des deux années passées, grâce aux efforts admirables des populations, à une sollicitude particulière des pouvoirs publics, à l'intervention souvent heureuse de nos élus, et à l'aide militaire, le département a pu remédier, dans une certaine proportion, à la pénurie de main-d'œuvre. J'ai voulu, personnellement, me tenir en contact journalier avec nos populations agricoles, soit par des visites dans les communes de toutes les régions du département, soit par les rapports du Directeur des Services agricoles et des Professeurs d'agriculture. La collaboration de mon administration avec les agriculteurs a été constante depuis la mobilisation. Les Associations agricoles, Sociétés d'agriculture, Comices, Mutuelles agricoles, Caisses de crédit agricole, ont continué à fonctionner, et ont contribué ainsi au maintien de l'activité agricole.

A différentes reprises, je suis intervenu pour remédier aux conséquences de la réquisition de chevaux par le prêt de chevaux aux agriculteurs, ou la vente de chevaux de réforme; à la rareté des engrais, en en facilitant les transports; à la rareté de la main-d'œuvre, en préconisant l'emploi des appareils de motoculture.

J'ai pris différentes mesures en vue d'augmenter l'élevage du bétail : arrêté relatif à l'interdiction de l'abatage des animaux jeunes, tout en tenant compte de la situation particulière du département dans la production du lait; conseils relatifs à la nourriture rationnelle du bétail, etc...

J'ai conseillé l'augmentation des cultures sarclées en encourageant, notamment, celle de la betterave à sucre et des cultures potagères. En un mot, j'ai essayé d'imprimer aux efforts de nos vaillantes populations rurales une direction méthodique pour arriver au maximum de résultat.

CONTRIBUTION DE L'AGRICULTURE AU RAVITAILLEMENT DES ARMÉES

Les besoins impérieux des armées obligent l'autorité militaire à se procurer, auprès des populations rurales, les animaux et produits indispensables à nos soldats dans l'exécution de la noble mission qui leur est confiée.

L'approvisionnement est assuré par le Service du Ravitaillement. Ce service a pour objet de préparer, en temps de paix, et d'exécuter, en temps de guerre, l'exploitation méthodique des ressources du territoire national en vivres, fourrages, combustibles et matières diverses ressortissant du service des subsistances. Le département de l'Yonne, en raison de ses richesses agricoles, a pu être imposé annuellement des quantités suivantes, qui peuvent être évaluées à :

	Quantités		Francs	
Blé	151.000 qx représentant		4.500.000	»
Avoine	160.000 —	—	4.000.000	»
Foin	80·000 —	—	600.000	»
Paille	75.000 —	—	300.000	»
Vin	25.000 hl.	—	1.500.000	»
Bétail bovin	6.000 têtes	—	4.000·000	»
Bétail ovin	15.000 —	—	700.000	»
Bétail porcin ...	3.000	—	600.000	»

La coopération de notre département au ravitaillement des armées ne pouvait être assurée réellement que par une connaissance approfondie des règles concernant le Service de ravitaillement. L'importance des contingents demandés m'a montré la nécessité d'expliquer à MM. les Maires le fonctionnement du Service de ravitaillement. Je le leur ai exposé d'abord par circulaires, puis par conférences nombreuses que j'ai été faire dans les seize centres de ravitaillement.

Le fonctionnement du Service de ravitaillement dans l'Yonne a, dans l'ensemble, donné satisfaction à l'autorité militaire, ainsi qu'elle me l'a exprimé en différentes occasions en termes élogieux, et a permis de réunir des contingents,

le plus souvent supérieurs à ceux qui avaient été prévus dès le
temps de paix. Les agriculteurs ont répondu avec empresse-
ment aux demandes des Commissions de ravitaillement, si bien
que à d'*infimes exceptions* près, tous les achats ont pu être
traités de gré à gré, malgré les écarts parfois très sensibles entre les cours des marchés et les prix offerts par l'Intendance.

SITUATION ÉCONOMIQUE DE L'AGRICULTURE

Dans son ensemble, en dépit des difficultés de toutes sortes
soulevées par la guerre, et dont la principale, la pénurie de
main-d'œuvre, est surmontée, grâce à l'énergie des cultivateurs
et des fermières, à la solidarité dont tous font preuve, et aux
facilités diverses accordées par l'autorité militaire, la situation économique de l'agriculture dans l'Yonne est satisfaisante.
Mais il n'y a pas moins quelques réserves à faire, et ce serait
une grave erreur de croire que nos agriculteurs ont trouvé
dans la guerre un moyen d'enrichissement.

Il ne faut pas oublier que, malgré leurs efforts, les ren-
dements diminuent; que les réquisitions, en les obligeant à
se démunir de certaines denrées, amènent parfois leur remplace-
ment à des prix plus élevés; que le prix de la main-d'œuvre
a augmenté considérablement; enfin, que la hausse des engrais chimiques et de toutes les autres matières premières,
indispensables à l'agriculture, est un obstacle sérieux.

Assurément, les cultivateurs ne se plaignent pas des prix
de vente de leurs produits, et ils accueilleraient même avec
satisfaction une taxation générale établie sur des bases équi-
tables, comme celles qui ont été prises pour les céréales. Ce
serait une sauvegarde pour eux, en matière de réquisitions
militaires, et ils ne risqueraient plus de se voir parfois enlever,
à des prix trop faibles, leurs fourrages ou leurs bêtes grasses.
Encore, pour juger des bénéfices agricoles, ne faut-il pas se
baser exclusivement sur les prix de vente, mais savoir si la
production reste satisfaisante, si les dépenses sont modérées.
C'est seulement par la comparaison des prix de vente et des
prix de revient, des recettes brutes et des dépenses, qu'on est
en mesure de préciser si la situation de l'agriculture est satisfaisante ou non.

Or, il résulte nettement des statistiques des deux dernières
années que les quantités de denrées récoltées sont inférieures

à celles des années précédentes et que, malgré l'augmentation de valeur des produits, les recettes brutes totales effectuées par nos agriculteurs sont nettement inférieures à la moyenne des années antérieures.

Tandis que ses recettes brutes s'abaissent avec le fléchissement des récoltes, l'agriculture doit faire face à une augmentation générale de ses dépenses.

Ne faut-il pas compter une hausse d'au moins 20 à 25 0/0 pour la main-d'œuvre; de 50 0/0 pour les machines agricoles, en particulier pour les instruments de récolte importés d'Amérique! La hausse est également considérable pour les aliments concentrés employés dans l'alimentation du bétail; elle atteint 100 0/0 pour les engrais chimiques, superphosphates, scories de déphosphoration, nitrate de soude, sulfate d'ammoniaque.

Si l'on peut restreindre l'emploi de certaines matières premières dont le prix paraît exagéré, on ne peut éviter d'autres dépenses dont la charge écrasante ne cesse de s'accroître. La note du maréchal-ferrant est de celles-là, avec une majoration non plus de 50 ou de 100 pour 100 sur les prix d'avant la guerre, mais bien du triple ou du quadruple; même constatation pour le mécanicien qui répare les machines agricoles et fournit les pièces de rechange, pour le bourrelier, pour l'entrepreneur de battage et pour tant d'autres, si bien que les frais généraux sont passés, dans la plupart des exploitations, de 50 à 200 francs par hectare.

Les prix de revient des produits agricoles se trouvent ainsi accrus dans une proportion très forte. Telle culture, comme celle de la betterave à sucre, dont le prix de revient par hectare oscillait de 700 à 800 francs avant la guerre, exige maintenant une avance de 1.200 à 1.400 francs pour l'agriculteur qui veut la continuer de façon irréprochable.

Dans ces conditions, les gains réalisés par les agriculteurs, satisfaisants avec la hausse générale des produits et le maintien des exploitations en pleine production, vont devenir de plus en plus aléatoires, si même ils ne doivent pas faire place à des pertes sensibles.

D'ailleurs, ne convient-il pas de tenir compte de la dépréciation du matériel insuffisamment entretenu et, encore plus, du mauvais état de culture du sol? Avec des façons culturales incomplètes et une fumure insuffisante, les mauvaises herbes se multiplient avec une rapidité incroyable, tandis que la fertilité diminue. Il faudra plusieurs années de bonne culture et des avances importantes pour remettre le sol en parfait état.

Aussi, la situation économique de l'agriculture de l'Yonne, très satisfaisante jusqu'alors dans l'ensemble, s'assombrit-elle singulièrement avec la continuation de la guerre. Est-ce à dire que cette situation soit désespérée, et que notre département ait à souffrir plus que d'autres des conséquences de la prolongation de la guerre? Non, certainement, mais il n'en est pas moins nécessaire de se rendre compte du péril et de la nécessité d'apporter à l'agriculture l'aide dont elle a besoin, de prendre, sans retard, toutes les mesures imposées par les circonstances.

Les agriculteurs de l'Yonne ont donné à leur exploitation le maximum de production possible; ils ont su traverser sans faiblir, sans se décourager, une crise redoutable. La preuve est faite aujourd'hui qu'ils sortiront, à leur honneur, de toutes les difficultés qui leur seront imposées.

Les femmes de l'Yonne, surtout, ont été admirables, et à elles doit aller toute notre reconnaissance. En suivant, lors de mes nombreuses tournées dans les communes, l'exécution des divers travaux agricoles, j'ai été maintes fois vivement impressionné par le labeur féminin.

Combien ai-je vu de mères de famille tenant la charrue, dont le cheval était conduit par leur fils, un gamin d'une dizaine d'années! Que de fois me suis-je arrêté, ému et fier, devant le spectacle d'une faucheuse ou d'une moissonneuse conduite par l'épouse d'un mobilisé, dont les enfants, par derrière, assuraient le fanage du foin, ou le relevage des gerbes!

En résumé, dans le domaine économique, la guerre a galvanisé les énergies, et il semble que le département ait rassemblé tout ce qu'il a de forces industrielles, commerciales et agricoles pour le donner à la Nation. Nous pouvons regarder avec émotion et fierté tout ce qui se passe autour de nous. Si la guerre a surpris dans leur labeur nos populations heureuses de vivre dans les douceurs de la paix, elle ne les a ni abattues, ni désarmées. Le courage des Bourguignons, leurs vertus guerrières se sont retrouvés sur les champs de bataille où leur sang a été généreusement répandu pour sauver la Patrie.

Ceux qui sont restés au foyer, poursuivant la tâche abandonnée par les combattants, n'ont pas eu de plus ardentes pensées que de la reprendre et de s'y consacrer tout entier.

C'est ainsi que s'est maintenue cette unité morale qui associe et rassemble toutes les forces du pays vers un même but: la victoire définitive du Droit et de la Justice.

9 novembre 1916.